ORNITHOLOGIE

PARISIENNE

OU

CATALOGUE DES OISEAUX

SÉDENTAIRES ET DE PASSAGE

Qui vivent à l'état sauvage dans l'enceinte
DE LA VILLE DE PARIS

PAR

NÉRÉE QUÉPAT

Membre de la Société Linnéenne de Bordeaux.

PARIS

LIBRAIRIE J.-B. BAILLIÈRE & FILS

Rue Hautefeuille, 19, près du boulevard Saint-Germain.

Londres	**Madrid**
BAILLIÈRE, TINDALL AND COX	C. BAILLY-BAILLIÈRE

1874

ORNITHOLOGIE PARISIENNE

TRAVAUX DU MÊME AUTEUR

De la chasse de l'alouette au miroir avec le fusil, 1 vol. in-18, avec gravures. Paris, Aug. Goin.

Monographie du chardonneret. In-8. Paris, Aug. Goin.

COULOMMIERS. — Typ. A. MOUSSIN.

ORNITHOLOGIE

PARISIENNE

OU

CATALOGUE DES OISEAUX

SÉDENTAIRES ET DE PASSAGE

Qui vivent à l'état sauvage dans l'enceinte

DE LA VILLE DE PARIS

PAR

NÉRÉE QUÉPAT

Membre de la Société Linnéenne de Bordeaux.

PARIS

LIBRAIRIE J.-B. BAILLIÈRE & FILS

Rue Hautefeuille, 19, près du boulevard Saint-Germain.

Londres	**Madrid**
BAILLIÈRE, TINDALL AND COX	C. BAILLY-BAILLIÈRE

1874

PRÉFACE

Les catalogues des oiseaux qui habitent les
provinces et départements de la France sont
fort nombreux [1], mais, chose singulière, per-

1. Canivet de Carentan, *Catalogue des oiseaux du
département de la Manche.* Paris, 1843, in-8. —
Benoist (A.), *Catalogue des oiseaux observés dans
l'arrondissement de Valognes.* Voy. *Mém. Soc. sc.
nat.* de Cherbourg, 1855, II, 231. — Blandin (J.),
*Catalogue des oiseaux observés dans le départe-
ment de la Loire-Inférieure.* Nantes, 1863, in-8. —
Bouteille (Hipp.), *Ornithologie du Dauphiné.* Gre-
noble, 1843, 2 vol. in-8. — Chalaniat (E. de), *Catalogue des oiseaux qui ont été observés en Auver-
gne.* Clermont-Ferrand, 1847, in-8. — Dubalen (P.-E.),
*Catalogue critique des oiseaux observés dans les
départements des Landes et de la Gironde.* Bordeaux, 1872, in-8. — Guillemeau (J.-L.-M.), *Essai sur
l'histoire naturelle des oiseaux du département
des Deux-Sèvres.* Niort, 1806, in-8. — Holandre
(J.-Jos.-Jacq.), *Faune du département de la Moselle.*

sonne n'a jamais songé à s'enquérir de la faune ornithologique parisienne ; personne, en un mot, ne s'est jamais avisé de borner ses recherches à la capitale de notre pays et d'en tirer les éléments d'un *Catalogue des oiseaux sédentaires et de passage qui vivent à l'état sauvage dans l'enceinte de la ville de Paris.*

Je crois pouvoir revendiquer hautement la priorité de cette idée.

Oiseaux. Metz, 1825, in-18. — Crespon (J.), *Ornithologie du Gard.* Montpellier, 1840, in-8.—Jaubert (J.-B.) et Barthélemy-Lapommeraye, *Richesses ornithologiques du Midi de la France*, etc., gr. in-4, 1859. — Roux, *Ornithologie provençale*, 1825, 3 vol. in-4. Pellicot (A.), *Des oiseaux voyageurs et de leurs migrations sur les côtes de la Provence.* Toulon, 1872, in-8. — Lesauvage, *Catalogue méthodique des oiseaux du Calvados.* Caen, 1837, in-4,. — Marchant, *Catalogue des oiseaux observés dans le département de la Côte-d'Or.* Dijon, 1870, in-8. — Marcotte (F.). *Les animaux vertébrés de l'arrondissement d'Abbeville.* Abbeville, 1860, in-8. — Gérardin (S. de Mirecourt), *Tableau élémentaire d'ornithologie*, 1806, 2 vol. in-8. — Godron (A.), *Zoologie de la Lorraine*, etc.. 1863, in-8. — Mauduyt, *Tableau méthodique des oiseaux observés dans le département de la Vienne.* 1840, in-8. — Norguet (A. de), *Catalogue des oiseaux du Nord de la France.* 1865, in-8. — Proteau, *Catalogue des oiseaux observés dans l'arrondissement d'Autun.*

Je présume que mon travail sera lu avec intérêt et offrira un certain attrait de curiosité, car, ni le public, ni même les ornithologistes ne se doutent, j'en ai la conviction, du nombre et de la variété des oiseaux qui habitent Paris.

Les oiseaux contribuent à animer, à égayer, à embellir notre chère ville ; ils méritent donc une place d'honneur dans les *statistiques* pari-

1866, in-8. — Sinety (de), *Notes pour servir à la Faune du département de Seine-et-Marne.* Voy. *Revue mag. Zool.* 1854, vi, 128, 193, 315, 581. 413, 458. — Vincelot, *Essais étymologiques sur l'ornithologie de Maine-et-Loire.* Angers, 1859, in-8. — Bailly (J.-B.), *Ornithologie de la Savoie.* 1853, 4 vol. in-8. — Picot-Lapeyrouse, *Table méthodique des oiseaux observés dans le département de la Haute-Garonne.* Toulouse, an vii, in-8. — Palassou, *Mémoires pour servir à l'histoire naturelle des Pyrénées.* Pau, 1815, in-8. — Cavoleau (J.-A.), *Statistique ou description du département de la Vendée.* 1844, in-8, voy. p. 459 et suiv. — Ray (Jules), *Catalogue de la Faune de l'Aube.* Paris, 1843, in-24. — Táslé (M.), *Histoire naturelle du Morbihan, Catalogues raisonnés des productions des trois règnes de la nature, recueillies dans le département.* Vannes, 1869, in-8. — Bert (P.), *Catalogue des animaux vertébrés qui vivent à l'état sauvage dans le département de l'Yonne.* Paris, J.-B. Baillère, 1864, in-8.

siennes, place que jusqu'à présent on a oublié de leur octroyer. Considéré à ce point de vue, mon travail n'est pas inutile puisqu'il venge les oiseaux de Paris de l'incurie des naturaralistes.

Pour rendre ce catalogue aussi complet que possible, je n'ai ménagé ni mon temps, ni ma peine. Depuis l'année 1865, c'est-à-dire depuis près de dix ans, je parcours Paris [1] en tout sens, été comme hiver, et j'ai accumulé une multitude d'observations dont j'affirme, sur la foi du serment, l'exactitude et la véracité.

Afin de me soustraire à tout reproche d'erreur ou d'exagération, je me mets à la disposition du public et je m'engage à accompagner [2] toutes les personnes qui voudront faire avec moi des excursions ornithologiques à tra-

---

1. C'est principalement pendant les mois d'avril, mai et juin que j'ai fait mes observations, car alors tous les oiseaux chantent, ce qui permet de les découvrir et surtout de les dénombrer plus facilement que durant le reste de l'année.

2. S'adresser à M. R. Paquet (Nérée Quépat), 34, rue Gay-Lussac.

vers Paris et constater de leurs propres yeux la présence des oiseaux que je mentionne.

La nature de ce catalogue m'interdit toute description de plumage; je renverrai pour cela à l'*Ornithologie Européenne* de MM. Degland et Z. Gerbe qui renferme le signalement très-exact de tous les oiseaux d'Europe. J'ai aussi emprunté à ces savants ornithologistes leur excellente classification.

Afin de rendre facile et sûr le contrôle de mes assertions, j'ai indiqué avec la plus minutieuse précision l'habitat spécial des diverses espèces d'oiseaux, en ajoutant çà et là quelques remarques sur leurs mœurs et leurs habitudes.

NÉRÉE QUÉPAT.

Paris, 1er juillet 1874.

ORNITHOLOGIE PARISIENNE

1ᵉʳ ORDRE — OISEAUX DE PROIE, *ACCIPITRES.*

1ʳᵉ DIVISION — OISEAUX DE PROIE DIURNES. *ACCIPITRES DIURNI.*

FAM. III — FALCONIDÉS, *FALCONIDÆ.*

S.-FAM. VI — FALCONIENS, *FALCONINÆ*

Genre XVII — FAUCON, *FALCO.* Linn.

FAUCON COMMUN — *FALCO COMMUNIS.*
Gmel.

Je suis heureux de pouvoir commencer ce catalogue par une observation empruntée au plus éminent ornithologiste de notre époque, M. Z. Gerbe.

« Il y a quelques années, dit-il, un Faucon pèlerin était venu s'établir en septembre sur les tours de la cathédrale de Paris. Pendant

plus d'un mois qu'il y demeura, il faisait tous
les jours capture de quelques-uns de ces pigeons que l'on voit voltiger çà et là au-dessus
des maisons. Lorsqu'il apercevait une bande
de ces oiseaux, il quittait son observatoire, ra-
sait les toits, ou gagnait le haut des airs, puis
fondait sur la bande, et s'attachait à un seul
individu, qu'il poursuivait avec une audace
inouïe, quelquefois à travers les rues des quar-
tiers les plus populeux. Rarement il retournait
à son poste sans emporter dans ses serres une
proie qu'il dépeçait tranquillement et sans pa-
raître affecté des cris que poussaient contre lui
les enfants. Il chassait le plus habituellement
le soir, entre 4 et 5 heures, quelquefois dans
la matinée ; tout le reste de la journée, il se
tenait tranquille. Les amateurs aux dépens de
qui vivait ce·faucon, finirent par ne plus
laisser sortir leurs pigeons, ce qui probablement contribua à l'éloigner d'un lieu où la vie
était pour lui si facile [1]. »

T. R. — P. A.

1. Degland et Gerbe, *Ornithologie Européenne*,
2e édition, 1867, voy. t. I, p. 84.

2ᵉ ORDRE — PASSEREAUX.
PASSERES.

2ᵉ DIVISION — PASSEREAUX SYNDACTYLES.
PASSERES SYNDACTYLI.

FAM. IX — ALCÉDINIDÉS, *ALCEDINIDÆ.*

S.-FAM. XVI — ALCÉDINIENS, *ALCEDININÆ.*

Genre XLI — MARTIN-PÊCHEUR, *ALCEDO.*

MARTIN-PÊCHEUR VULGAIRE — *ALCEDO ISPIDA.* Linn.

« Cet oiseau n'est commun nulle part en France, ce qui n'empêche pas qu'on ne l'y rencontre partout, même aux bains Vigier du Pont-Neuf, en plein cœur de la capitale [1]. »

Depuis plusieurs années, quand les eaux sont basses, je vois souvent un Martin-Pêcheur circuler entre le pont de Solférino et le Pont-des-Arts, parfois il pousse jusqu'au Pont-Neuf.

Il est évident que cet oiseau ne s'aventure aussi loin qu'accidentellement ; son séjour ordinaire doit être, au plus près, vers le Bas-

____

1. Toussenel, *Monde des oiseaux.* Édit. de 1866, 2ᵉ partie, p. 548.

Meudon ; ce qui tendrait à le prouver, c'est qu'on voit assez fréquemment des Martins-Pêcheurs à l'île des Cygnes (Auteuil). R. — S. — N. hors Paris.

3ᵉ DIVISION — PASSEREAUX DEODACTYLES.
PASSERES DEODACTYLI.

1º DEODACTYLES TENUIROSTRES, *DEODACTYLI TENUIROSTRES.*

FAM. X — CERTHIIDÉS, *CERTHIIDÆ.*

S.-FAM. XVIII — CERTHIIENS, *CERTHIINÆ.*

Genre XLIV. — GRIMPEREAU, *CERTHIA.*

GRIMPEREAU BRACHYDACTYLE — *CERTHIA BRACHYDACTYLA*. Brehm.

Depuis plusieurs années , je connais un couple de Grimpereaux au Jardin-des-Plantes ; ces oiseaux y sont sédentaires et y nichent. On les voit visiter en détail les grands tilleuls des deux allées qui traversent le jardin dans toute sa longueur, toutefois ils fréquentent plus particulièrement l'allée qui longe la rue de Buffon.

Cette année un autre couple de Grimpereaux a élu domicile au Luxembourg. Dès la fin de février le mâle chantait avec entrain, explorant surtout les environs de l'Orangerie ; au mois d'avril il s'est déplacé ; on ne l'apercevait plus alors que sur les arbres de l'allée qui s'ouvre à l'extrémité de la rue Bonaparte. M. Fernand Daguin (15, quai Malaquais) a constaté la présence d'une troisième paire de ces oiseaux aux Tuileries ; le massif boisé qui s'étend vers la Seine est leur endroit préféré.

Enfin, je signalerai au Parc-Monceaux un quatrième couple qui fréquente ordinairement les vieux arbres moussus qui environnent la pièce d'eau. S. — N.

2° DEODACTYLES CULTRIROSTRES, *DEODACTYLI CULTRIROSTRES*.

FAM. XII — CORVIDÉS, *CORVIDÆ*.

S.-FAM. XIX — CORVIENS, *CORVINÆ*.

Genre XLVII — CORBEAU, *CORVUS*.

CORBEAU FREUX — *CORVUS FRUGILEGUS*.
Linn.

Le Freux est un oiseau fort intelligent et peu sauvage, du moins en certains endroits. Comme tant d'autres oiseaux, il ne craint pas de mettre sa couvée sous la protection de l'homme; malheureusement il est souvent victime de sa confiance.

Le 25 mars 1873, on comptait vingt-cinq nids de Freux sur les platanes qui surplomblent la fontaine de Médicis, au jardin du Luxembourg; plusieurs arbres même en supportaient jusqu'à cinq et six.

Le Freux déploie une activité prodigieuse pour construire cette demeure; en six ou sept jours un couple vient à bout de l'achever.

Les matériaux employés sont, à l'extérieur : des petites bûchettes soigneusement et solidement entrelacées, ce qui donne à ces nids une grande ressemblance avec ceux des pies; à l'intérieur il y a des écorces, des brins d'herbe, de paille, du fil, des crins, de la laine, des morceaux d'étoffes, le tout mastiqué avec de la terre gluante et argileuse.

Ces nids (dont les matériaux varient beaucoup suivant les localités) sont posés au sommet des arbres.

L'administration du jardin du Luxembourg les fit détruire. Ce jour-là, les Freux se réunirent en faisant retentir l'air de cris stridents, puis, à la tombée de la nuit, la bande prit son vol et disparut vers le sud.

Huit jours après, quelques couples plus hardis que les autres revinrent bâtir de nouveau sur ces mêmes arbres. Le 20 avril, je comptais 7 nids qui avaient été construits plus rapidement encore que la première fois ; on les jeta à terre derechef, alors les Freux partirent et ne revinrent plus.

D'ailleurs le Luxembourg n'est pas le seul endroit de Paris où les Freux s'établirent ; à la fin de mars, on voyait plusieurs nids sur les grands arbres du jardin de l'Elysée et, chose curieuse, cinq sur un platane isolé qui se trouve devant un petit hôtel, 104, boulevard Haussmann.

Tous les passants s'amusaient à contempler ces audacieux volatiles.

Cette année, les Freux sont revenus au Luxembourg le 25 février. Après être demeurés longtemps inactifs, ils se sont mis enfin à la besogne et, le 16 mars, on voyait sur les platanes de la fontaine de Médicis seize nids, dont sept sur le dernier platane derrière la fontaine. Comme en 1873, on les détruisit, mais cette fois, ces oiseaux abandonnèrent d'emblée le Luxembourg ; la leçon de l'an dernier leur avait sans doute profité. Deux paires seulement revinrent, mais au lieu de placer bêtement leurs nids en évidence, nos Freux allèrent les construire sur deux platanes très-élevés bordant la rue Bonaparte devant le numéro 122.

Le 20 avril, ils étaient terminés, les femelles couvaient, et j'eus la satisfaction de voir plus tard les petits quitter leur nid.

Les Freux avaient été plus malins que l'administration.

Au mois de mars (1874) une colonie de Freux est encore venue s'établir au jardin de l'Elysée.

P. — N.

CORBEAU CHOUCAS — *CORVUS MONEDULA*. Linn.

Très-commun à Notre-Dame de Paris où il niche de préférence dans les tourillons qui surmontent l'église de chaque côté de la flèche et dans les trous des grosses tours.

Depuis la Commune quelques paires nichent dans les ruines du Conseil d'Etat (quai d'Orsay).

P. — N.

3° DEODACTYLES ADUNCIROSTRES, *DEODACTYLI
ADUNCIROSTRES*.

FAM. XIII — LANIIDES, *LANIIDÆ*.

S.-FAM. XXI — LANIENS, *LANIINÆ*.

Genre LIV — PIE-GRIÈCHE, *LANIUS*.

PIE-GRIÈCHE ROUSSE — *LANIUS RUFUS*.
Briss.

J'en vois, chaque année, une paire [1] au Père-Lachaise, à l'extrémité de l'Orangerie ; elle se tient généralement aux alentours des tombes de Macdonald, Frochot, Gouvion Saint-Cyr. Ces oiseaux arrivent au commencement de mai, et repartent dès la fin d'août.

P. N. T. R.

4° DEODACTYLES CONIROSTRES, *DEODACTYLI CONIROS-
TRES*. — CONIROSTRES LONGICONES, *CONIROSTRES
LONGICONI*.

FAM. XIV — STURNIDÉS, *STURNIDÆ*.

S.-FAM. XXII — STURNIENS, *STURNINÆ*.

Genre LVI — ETOURNEAU, *STURNUS*.

ÉTOURNEAU VULGAIRE — *STURNUS
VULGARIS*. Linn.

Au printemps dernier (1873) j'ai vu plusieurs étourneaux dans les ruines du Conseil d'Etat

1. C'est la seule que je connaisse à Paris.

(quai d'Orsay). Je les ai constamment observés pendant les mois d'avril et mai ; je puis affirmer qu'ils ont niché en cet endroit. Cette année, ils sont revenus dès le 10 mars et s'y sont de nouveau établis.

Quelques paires nichent aussi tous les ans au jardin des Tuileries dans les trous des vieux arbres.

Durant les mois de juillet et août (1873) tous les soirs, à la tombée de la nuit, on voyait des bandes d'étourneaux de dix, quinze, vingt, et même trente individus traverser le jardin des Plantes et se réunir sur les grands arbres qui environnent le palais des singes. Ces oiseaux venaient invariablement de la direction de la Salpêtrière ; leur vol était peu élevé, mais rapide et régulier ; les bandes se succédaient de la sorte sans interruption jusqu'à la nuit.

J'estime à trois ou quatre cents le nombre des étourneaux qui chaque soir couchaient au jardin des Plantes où ils trouvaient un gîte commode et tranquille, d'autant plus tranquille que cette partie du jardin est interdite au public dès 7 heures. D'où venaient-ils ? Probablement des environs de Paris et peut-être

d'assez loin. Les étourneaux sont bons voi-
liers, et bien capables de franchir une assez
grande distance pour gagner un abri sûr.

Au mois de mars dernier (1874) une bande
d'au moins cent cinquante étourneaux venait
s'abattre tous les soirs sur les platanes qui bordent la fontaine de Médicis au Luxembourg.

P. — N.

CONIROSTRES BRÉVICONES, *CONIROSTRES BREVICONI.*

FAM. XV — FRINGILLIDÉS, *FRINGILLIDÆ.*

S.-FAM. XXIII — PLOCÉPASSÉRIENS,
PLOCEPASSERINÆ.

GENRE LVIII — MOINEAU, *PASSER.*

MOINEAU DOMESTIQUE — *PASSER*
DOMESTICUS. Briss.

Les moineaux qui vivent à Paris sont au
moins trois fois aussi nombreux que ses habi-
tants.

Le moineau de Paris a toutes les qualités
et tous les défauts des Parisiens.

... Nous connaissons de vieux moineaux qui
ont lu Voltaire, puis applaudi à la réaction
cléricale du règne de Charles X ; qui ont mangé

sur le parapluie de Louis-Philippe sans dédai-
gner plus tard les miettes des banquets réfor-
mistes.

Les mêmes moineaux ont soutenu le coup
d'État du 2 décembre et ensuite ont coopéré
au 4 septembre. Ils ont excusé le 18 mars et
la Commune, ce qui ne les a pas empêchés
deux mois après d'applaudir M. Thiers. Sur-
vient le 24 mai; M. Thiers est renversé...
Que firent nos moineaux? Ils se réunirent en
masse sur les toits de l'Académie Française et
piaillèrent plusieurs jours en l'honneur du duc
de Broglie. . . . .
. . . .

En 1866-67-68, on voyait au Luxembourg
un moineau mâle dont le plumage était d'un
blanc jaunâtre légèrement nuancé de roux.

Ces changements de coloration ne sont pas
rares chez ces oiseaux.

S. — N.

S.-FAM. XXVI — COCCOTHRAUSTIENS, *COCCOTHRAUSTINÆ*.

Genre LXIV — GROS-BEC, *COCCOTHRAUSTES*.

GROS-BEC VULGAIRE — *COCCOTHRAUSTES VULGARIS*. Vieill.

T. R. — P. A. au printemps.

Au mois de mars (1873) M. Fernand Daguin [1] a observé pendant toute une matinée, un gros-bec dans le jardin de l'hôtel de Chimay (17, quai Malaquais) sur lequel donnent les fenêtres de son appartement.

Ce gros bec se trouvait là accidentellement, cela ne fait pas de doute. Remarquons toutefois que le jardin de l'hôtel Chimay n'est pas éloigné des Tuileries, et, il est fort possible que cet oiseau attiré par ce massif de verdure (où au printemps abondent les bourgeons) y soit d'abord descendu, puis de là ait poussé ensuite jusqu'à l'hôtel de Chimay.

1. Cet amateur distingué dont j'ai déjà eu occasion de citer le témoignage dans ce livre demeure, 15, quai Malaquais.

S.-FAM. XXVII — FRINGILLIENS, *FRINGILLINÆ*.
Genre LXV — VERDIER, *LIGURINUS*.

VERDIER ORDINAIRE — *LIGURINUS CHLORIS*
Koch et Linn.

Assez commun, surtout dans les cimetières du Père-Lachaise et de Montparnasse. Chose singulière, il est rare au cimetière Montmartre.

Quelques verdiers nichent chaque année dans les jardins publics (Tuileries, Champs-Élysées, Parc Monceaux) mais n'y sont pas nombreux comme dans les cimetières. Par exemple, au Luxembourg on n'en voit généralement qu'une paire et deux au Jardin des Plantes; toutefois, à la fin de l'été, les graines potagères attirent les verdiers en ce dernier endroit où ils se réunissent alors en petites bandes.

Cet oiseau niche encore dans certains jardins des faubourgs, notamment à Montrouge, à Passy, à Auteuil, et à Vaugirard-Grenelle [1].

---

1. Les jardiniers de cette localité ont beaucoup de peine à se garantir des déprédations de cet oiseau exclusivement granivore et très-amateur des graines de radis, choux, navets, navette, scorsonères, etc.

Pendant l'hiver de fortes troupes se cantonnent souvent dans les terrains herbeux situés à gauche de la rue de la Glacière.

S. — N.

***

GENRE LXVI — PINSON, *FRINGILLA*.

PINSON ORDINAIRE — *FRINGILLA CŒLEBS.* Linn.

Assez commun à Paris, surtout dans les grands cimetières. Il habite aussi le Jardin des Plantes, le Parc Monceaux, le Luxembourg, les Champs-Élysées, les jardins privés de Passy, Auteuil, Neuilly, le jardin de l'Observatoire, de la Salpétrière, etc.

Au moment des passages, en automne, et au commencement du printemps, les pinsons séjournent volontiers au Père-Lachaise ; — ils affectionnent particulièrement la pente qui se trouve un peu au-dessus de la partie du cimetière nommée l'Orangerie.

Été comme hiver d'ailleurs, on trouve beaucoup d'oiseaux au Père-Lachaise ; cela tient à ce que dans ce séjour des morts, ils sont tranquilles, trouvent de l'ombre, de la fraîcheur, une nourriture abondante et un asile protecteur.

Là, les oiseaux peuvent en toute sécurité construire leurs nids et élever leurs familles... Et tandis que devant eux passent les corbillards, ils chantent... — Chantez, chantez, petits oiseaux. J'aime mieux entendre vos joyeux accents que les pleurs hypocrites qui accompagnent la plupart des morts.

Chantez !

Mais si, par hasard, vous voyez venir la dépouille d'une jeune fille ou d'un petit enfant ; si sur un cercueil vous apercevez une couronne blanche, un bouquet de lilas ou de fleurs d'oranger, oh ! alors, restez immobiles, restez muets sur la branche. Associez-vous à une vraie douleur, chers petits oiseaux.

P. — N.

PINSON D'ARDENNES — *FRINGILLA MONTIFRINGILLA*. Linn.

A l'époque des passages d'automne et de printemps, on voit souvent au Père-Lachaise des pinsons d'Ardennes mêlés à des bandes de pinsons ordinaires.

Pendant l'hiver de 1870-71 [1], je n'ai pas

1. Durant cet hiver, le froid a été très-intense.

été une seule fois au Père-Lachaise sans y rencontrer des pinsons d'Ardennes.

P. A. en hiver, au printemps et en automne.

Genre LXVIII — CHARDONNERET. *CARDUELIS*.

CHARDONNERET ÉLÉGANT — *CARDUELIS ELEGANS*. Steph.

« En 1872 un couple de chardonnerets a niché au Jardin-des-Plantes ; je l'ai observé tout l'été. Il se tenait principalement dans le carré qui se trouve à droite de la fosse aux ours en regardant la Bastille. Il est très-rare de voir des chardonnerets au centre de Paris, aussi ai-je cru nécessaire de signaler ce fait [1]. »

Cet oiseau est peu commun aux environs de Paris.

Je dois ajouter que depuis deux ans, je n'ai plus revu ces chardonnerets ; j'en conclus naturellement que leur apparition à Paris est absolument accidentelle. T. R. — P. A. — N.

1. Nérée Quépat. *Monographie du Chardonneret*, Paris, A. Goin. brochure in-8, 1873. Voy. p. 17, note.

SERIN MÉRIDIONAL (ou Cini) — *SERINUS MERIDIONALIS*. Bp.

Deux couples de cini ont habité le Jardin-des-Plantes durant le printemps et l'été de 1872. — En 1873, je les ai retrouvés au même endroit et cette année ils y sont encore.

Ils fréquentent principalement le carré pl nté d'arbres qui est en face de la fosse aux ours, à droite et regardant la Bastille; c'est là et sur les tilleuls de l'allée voisine que les mâles chantent; c'est là que ces oiseaux doivent nicher. Malgré d'actives recherches, je ne suis pas parvenu à découvrir leurs nids, ce qui n'a rien d'étonnant car ils savent les dissimuler très-habilement.

Le cini est un oiseau essentiellement granivore, aussi sa présence au Jardin-des-Plantes s'explique-t-elle facilement, car il trouve une nourriture facile et abondante dans la partie du jardin consacrée à la culture des plantes potagères.

Ces cinis ne sont pas les seuls qui passent

leur été à Paris; j'en connais encore deux autres paires dont le domicile est au cimetière Montparnasse dans le premier grand carré de gauche. Tous les ans, à l'époque du passage (fin mars), quelques cinis s'arrêtent momentanément à Paris. — Cette année même, le 22 mars, j'en ai vu une petite troupe derrière l'Orangerie du Luxembourg.

P. — N.

GENRE LXXII — LINOTTE, *CANNABINA*.

LINOTTE VULGAIRE. — *CANNABINA LINOTA*.
G. R. Gray ex Gmel.

En automne et au printemps on voit quelquefois des linottes à la Glacière, à Montsouris et même aux Buttes-Chaumont, mais elles ne font qu'y passer et peut-être au printemps n'y viennent-elles que pour chercher des matériaux pour leurs nids.

R. — P. A.

S-FAM. XXVIII — EMBÉRIZIENS, *EMBERIZINÆ*.

Genre LXXVII — BRUANT, *EMBERIZA*.

BRUANT JAUNE — *EMBERIZA CITRINELLA.*
Linn.

Ne niche pas à Paris, mais au printemps et
surtout en hiver y vient quelquefois. Je l'ai
rencontré aux Buttes-Chaumont (où le terrain
accidenté et couvert de petits arbustes touffus
lui convient beaucoup), et au Point-du-Jour
auprès des fortifications. Quoique très-familier,
cet oiseau ne dépasse guère ces limites.

P. A.

Genre LXXVIII — CYNCHRAME, *CYNCHRAMUS*.

CYNCHRAME SCHŒNICOLE — *CYNCHRAMUS
SCHŒNICOLE.* Boie et Linn.

En octobre et en novembre [1], on en rencontre sur les étangs de la Glacière, mais, malgré les roseaux et la nourriture abondante

1. Le passage du Cynchrame commence vers le
5 octobre et se termine généralement à la Toussaint;
il atteint son maximum d'intensité vers le 15 octobre.

qu'ils pourraient y trouver, ils ne s'y arrètent pas longtemps.

P. A. en automne.

----

4. DEODACTYLES SUBULIROSTRES, *DEODACTYLI SUBULIROSTRES.*

FAM. XVI — ALAUDIDÉS, *ALAUDIDÆ.*

S-FAM. XXIX — ALAUDIENS, *ALAUDINÆ.*

Genre LXXX — ALOUETTE, *ALAUDA.*

ALOUETTE DES CHAMPS — *ALAUDA ARVENSIS.* Linn.

Durant le siége de Paris, au mois de décembre, alors qu'il gelait si fort, on faisait lever fréquemment des petites bandes d'alouettes dans les terrains qui sont à gauche de la rue de la Glacière, en regardant Gentilly; elles venaient du plateau de Villejuif à l'extrémité duquel était le fameux fort des Hautes-Bruyères.

P. A. en hiver.

S-FAM. XXX — CERTHILAUDIENS, *CERTHILAUDINÆ*.
Genre LXXXIV — COCHEVIS, *GALERIDA*.

COCHEVIS HUPPÉ — *GALERIDA CRISTATA*.
Boie et Linn.

Depuis 1865, époque où j'ai commencé mes observations relatives aux oiseaux de Paris, j'ai constamment rencontré des cochevis au Point-du-Jour, notamment sur les fortifications du bastion n° 67 que longe le boulevard Murat; ils viennent aussi picorer sur cette voie et parfois vont se poser sur les toits des maisons voisines.

Toutefois, je crois que ces oiseaux nichent au delà du bastion, probablement dans le terrain qui s'étend devant lui. Mais, par contre, une ou deux paires nichent à la Glacière sur la butte qui se trouve au-dessus des deux grands étangs, entre la Bièvre, les fortifications et le chemin dit du *Pot-au-Lait*. Le sommet de cette butte dont la terre sèche et poudreuse convient au cochevis, oiseau essentiellement pulvérateur, est ordinairement occupé par des céréales : blé, orge, avoine et quelques luzernières. Plus bas seulement, le long de la

Bièvre, commencent les cultures maraîchères.

Voici un fait plus curieux.

Cette année, deux cochevis ont élu domicile dans le vaste enclos semé en luzerne qui borde la rue Boissière [1] (Passy), à droite en montant ; ils rayonnaient de là dans tout le quartier où les terrains vagues sont d'ailleurs nombreux.

Enfin plusieurs couples habitent au parc Montsouris la pointe de terrain qui est entre le chemin de fer d'Orsay et la rue Nansouty, à l'extrémité de l'avenue Reille.

S. — N.

FAM. XVII — MOTACILLIDÉS, *MOTACILLIDÆ*.

S.-FAM. XXXI — ANTHIENS, *ANTHINÆ*.

Genre LXXXVII — PIPI, *ANTHUS*.

PIPI DES PRÉS — *ANTHUS PRATENSIS*
Bechst et Linn.

Chaque année, de la mi-novembre aux premiers jours d'avril, quelques pipis des prés hivernent sur le bord des étangs de la Glacière.

1. Cette rue est à l'extrémité de la rue de Chaillot.

On les voit courir dans l'herbe et les roseaux à la recherche des insectes et larves aquatiques dont ils font leur nourriture habituelle. Quand l'eau est congelée, ils s'abattent jusqu'au milieu des étangs et se comportent sur la glace avec tout autant d'aisance que sur terre. Ces pipis quittent la Glacière du 2 au 10 avril.

P. R. en hiver.

S.-FAM. XXXII — MOTACILLIENS, *MOTACILLINÆ*.

Genre LXXXVIII — BERGERONNETTE, *BUDYTES*. G. Cuv.

BERGERONNETTE PRINTANIÈRE — *BUDYTES FLAVA*. Bp. et Linn.

Ce joli oiseau n'est pas très-rare à Paris. Plusieurs paires nichent tous les ans sur le bord des étangs de la Glacière, ainsi que dans les champs voisins : aux Buttes-Chaumont (une paire) et dans les terrains qui sont à droite du Trocadéro en-dessous de la rue Boissière (une paire). Enfin quelques-uns nichent sur différents points des remparts du 9e secteur et du quartier de Grenelle-Vaugirard. Au printemps, à l'époque du retour, des bandes assez nom-

breuses s'arrêtent souvent cinq ou six jours à
la Glacière.

P. — N.

Genre LXXXIX — HOCHEQUEUE, *MOTACILLA ALBA*. Linn.

HOCHEQUEUE GRISE — *MOTACILLA ALBA.*
Linn.

Cette année deux bergeronnettes grises ont
séjourné aux Buttes-Chaumont pendant le
mois de mars et la première huitaine d'avril.

Chaque fois que j'allais aux Buttes, je voyais
ces oiseaux prendre leurs ébats autour des
étangs et de la cascade. Les Hochequeues ai-
ment beaucoup l'eau courante, les torrents
rocheux, les ruisseaux à fond sableux.

C'est à la cascade qui renouvelle sans cesse
l'eau des étangs, laquelle d'ailleurs s'écoule
continuellement et va alimenter les usines
du voisinage, c'est à cette cascade, dis-je,
qu'il faut certainement attribuer la présence
de ces bergeronnettes.

Ce couple est le seul que j'ai jamais vu à
Paris ; plusieurs ornithologistes, parmi les-

quels je citerai MM. Fernand Daguin (15, quai Malaquais) et Eugène Rolland (9, rue du Sommerard) l'ont observé comme moi.

P. A en printemps. T. R.

HOCHEQUEUE BOARULE — *MOTACILLA SULPHUREA*. Bechst.

Il y en a quelques paires sur le bord de la Seine, de Bercy au Point-du-Jour. Ces oiseaux viennent souvent (surtout quand les eaux sont basses) jusque devant le quai d'Anjou et le Pont-Neuf, mais ils nichent hors de l'enceinte de Paris, à la hauteur de Charenton d'un côté et du Bas-Meudon de l'autre.

« Pendant les mois de septembre et d'octobre 1870, m'écrit M. F. Daguin, j'ai vécu à l'ambulance qui était installée à l'hôtel de Chimay (17, quai Malaquais). Tous les jours, vers midi, un couple de hochequeues boarules, venait s'installer dans le jardin, particulièrement autour d'un bassin alimenté par un jet d'eau. Ces oiseaux y restaient plusieurs heures et contrairement à l'affirmation de bien des naturalistes, j'ai pu constater qu'ils n'étaient nullement sauvages ; ils venaient jusqu'à nos pieds prendre les insectes dont ils se nourrissent. »

N. — S. quelquefois, quand l'hiver est doux.

FAM. XX — TURDIDÉS, *TURDIDÆ*.

S.-FAM. XXXIV — TURDIENS, *TURDINÆ*.

Genre XCIII — MERLE, *TURDUS*.

MERLE NOIR — *TURDUS MERULA*. Linn.

Habite tous les cimetières de Paris où il est commun, ainsi que les jardins publics et privés. Depuis la destruction de la pépinière, presque tous les merles du Luxembourg se sont réfugiés au cimetière Montparnasse. Jadis, on comptait au moins 20 paires de merles, rien que dans le jardin de l'ex-maison de santé Tivoli, rue Saint-Lazare.

N. — S.

MERLE LITORNE — *TURDUS PILARIS*. Linn.

Pendant le siége de Paris (en décembre 1870) j'ai vu fréquemment des bandes de litornes sur les grands arbres des jardins d'Auteuil ainsi qu'au Jardin-des-Plantes; ces oiseaux de-

meuraient parfois une journée entière en ce
dernier endroit.

R. — P. A. en hiver.

MERLE DRAINE — *TURDUS VISCIVORUS*. Linn.

Durant la période la plus froide de l'hiver
du siége (1870, 1871. Déc. Janv.), j'ai souvent
observé des draines à La Muette, et sur les
grands peupliers couverts de gui qu'on rencontre principalement dans ceux des jardins
d'Auteuil qui bordent la Seine, un peu avant
le Point-du-Jour.

R. — P. A. en hiver.

MERLE-GRIVE — *TURDUS MUSICUS*. Linn.

Un bon ornithologiste, M. Eug. Rolland (9, rue
du Sommerard), m'a signalé (fin de mars 1874(
la présence d'un couple de grives au cimetière
Montparnasse. Il paraît que ce séjour a plu à
nos deux oiseaux, car ils y sont restés et à la
fin d'avril on les apercevait constamment dans
le massif de sapins tuyas situé à gauche un peu
au-dessus du Rond-Point; c'est là sans doute
qu'ils ont niché; en effet chaque fois que j'allais
de ce côté le mâle donnait des signes d'inquié-

tude comme ont coutume de le faire les oiseaux qui craignent pour leur couvée.

T. R. — P. — N.

GENRE XCIV — ROUGE-GORGE, *RUBECULA*.

ROUGE-GORGE FAMILIER — *RUBECULA FAMILIARIS*. Blyth.

En hiver, les rouges-gorges sont assez communs dans les cimetières, principalement au Père-Lachaise où ils habitent de préférence l'*Orangerie*. On en voit aussi à la Salpétrière, au Jardin-des-Plantes, au Luxembourg, etc. Quelques-uns viennent même jusque dans le square du Musée de Cluny.

P. R. en hiver.

GENRE XCVII — ROUGE-QUEUE, *RUTICILLA*.

ROUGE-QUEUE DE MURAILLE — *RUTICILLA PHŒNICURA*. Bp. et Linn.

Cet oiseau abonde dans tous les grands cimetières de Paris : à Montparnasse et surtout au Père-Lachaise où on ne peut faire quarante pas sans en rencontrer.

Une paire seulement habite le petit cimetière de Passy.

J'en connais une seconde au Jardin-des-Plantes [1] et une troisième aux Buttes-Chaumont. Ces deux endroits sont les seuls où, en dehors des cimetières, j'ai remarqué cet oiseau.

P. — X.

Genre C. — TARIER, *PRATINCOLA*.

TARIER ORDINAIRE — *PRATINCOLA RUBETRA*. Koch ex Linn.

Quoique rare, cet oiseau n'est pas introuvable à Paris.

Un couple habite, au Parc Montsouris, le terrain compris entre l'Observatoire météorologique et le chemin de fer de ceinture.

Deux autres couples nichent chaque année à la Glacière dans le pré humide dont une extré-

1. Elle se tient ordinairement devant les galeries d'Anatomie.

mité touche au grand étang et dont l'autre vient aboutir en pointe au bas de la rue du *Moulin-des-Prés*.

R. — P. — N.

S.-FAM. XXXV — ACCENTORIENS , *ACCENTORINÆ*.

Genre CIII — MOUCHET, *PRUNELLA*.

MOUCHET CHANTEUR — *PRUNELLA MODULARIS*. Vieill. ex Linn.

Quatre ou cinq paires de ces oiseaux nichent chaque année au cimetière Montparnasse ; au Père-Lachaise ils sont plus nombreux. Pour chanter les mâles se perchent fréquemment en haut des tombes comme les rouges-queues. Ce chant se compose d'une strophe unique assez monotone mais d'une intonation très-douce. C'est peut-être à tort que les naturalistes ont décerné un brevet de familiarité aux mouchets ; sans être sauvages, ils montrent de la défiance et disparaissent immédiatement à travers les tombes ou s'enfoncent dans un buisson dès qu'ils se sentent observés ; leur vol est bas, mais assez rapide.

N. — Séd. pendant les hivers doux.

S.-FAM. XXXVI — SYLVIENS, *SYLVIINÆ.*
GENRE CIV — FAUVETTE, *SYLVIA.*

FAUVETTE A TÊTE NOIRE — *SYLVIA ATRICAPILLA.* Scop. ex Linn

« Tout le monde connaît et admire cette
« espèce familière des parterres, des rosiers,
« des lilas; qui adore les habitations de
« l'homme, et qui vient chanter et faire son
« nid dans tous les jardins de Paris, où j'en
« sais chaque printemps vingt ou trente, rue
« du Bac, rue Laffitte, rue du Faubourg-Saint-
« Denis, ou du Faubourg-Saint-Martin, dans le
« voisinage de l'Opéra comme dans celui de la
« barrière. Peu de personnes sont d'avis de
« décerner le premier prix de vocalisation à
« la fauvette à tête noire, mais presque tout
« le monde est d'accord pour lui attribuer le
« second, et elle a, comme le rossignol et le
« rouge-gorge, ses admirateurs fanatiques [1]. »

La fauvette à tête noire est encore très-
répandue dans tous les cimetières de Paris. A

1. Toussenel, *Monde des oiseaux.* 2ᵉ édit. 1866.
2ᵉ partie, p. 332.

Montparnasse, on en compte au moins 20 paires.

N. — P.

FAUVETTE DES JARDINS — *SYLVIA HORTENSIS*. Lath ex Gmel.

La fauvette des jardins est assez commune à Paris. On la rencontre dans tous les grands cimetières et dans quelques jardins publics ou privés tels que le Jardin-des-Plantes [1], la Salpétrière, le jardin de l'Observatoire, les jardins de Passy-Auteuil; elle aime l'ombre et chante toujours à une hauteur plus élevée que les autres fauvettes, elle préfère les bosquets aux taillis et aux buissons; aussi est-elle beaucoup moins répandue que la Babillarde ordinaire là où dominent les buissons, comme aux Buttes-Chaumont par exemple.

P. — N.

1. Dans tous ces jardins on n'en compte que quelques paires; ce n'est que dans les cimetières qu'elle est commune.

Genre CV — BABILLARDE, *CURRUCA*.

BABILLARDE ORDINAIRE — *CURRUCA GARRULA*. Briss.

Cette fauvette n'est pas aussi abondante que la fauvette des jardins. Les cimetières ne sont point les endroits qu'elle affectionne. On la rencontre plutôt dans les jardins de Passy, Neuilly, Auteuil. Elle vient même chanter le soir, au coucher du soleil, jusque vers les arbustes de l'avenue Uhrich où souvent je l'ai vue devant le restaurant du Moulin-Vert. Elle habite aussi les Buttes-Chaumont et dans les cimetières, hante généralement les terrains affectés aux fosses communes et aux concessions temporaires, car elle y trouve des arbustes, des buissons qu'elle préfère à la haute futaie.

P. — N.

BABILLARDE GRISETTE — *CURRUCA CINEREA*. Briss.

La grisette est assez répandue dans tous les grands cimetières de Paris, 'mais n'habite

exclusivement que les portions de terrain affec-
tées aux fosses communes et aux concessions
de dix ans, car c'est là seulement qu'elle trouve
les arbustes, les buissons, les fouillis de ron-
ces et de hautes herbes qu'elle recherche particulièrement.

Cette fauvette très-agile et défiante s'élance
en l'air pour chanter et retombe verticalement
sa chanson terminée ; le nom de *fusée chantante*
dont l'a baptisée Toussenel lui conviendrait
beaucoup. On voit encore quelques grisettes,
(3 paires) au parc Montsouris, soit autour de
l'Observatoire météorologique, soit au bout du
parc, à l'angle formé par la rue Nansouty et
l'avenue Reille.

P. — N.

S.-FAM. XXXVII — CALAMOHERPIENS,

CALAMOHERPINÆ.

Genre CVIII — HYPOLAIS, *HYPOLAIS.* Brehm.

HYPOLAÏS POLYGLOTTE — *HYPOLAIS POLYGLOTTA*, Z. Gerbe ex Vieill.

Cet oiseau habite tous les grands cimetières ;
il n'est pas rare au Père-Lachaise où il se

3.

tient de préférence dans la partie du cimetière nommée l'Orangerie (8ᵉ et 10ᵉ divisions).

On en rencontre en outre quelques paires dans certains jardins publics ou privés, tels que le Jardin-des-Plantes [1], la Muette, Passy-Auteuil, le Luxembourg. Tous les ans ce dernier jardin en abrite deux paires. La première paire fréquente les bords du massif qui donne devant la rue Férou et est enclavé dans le jardin du Préfet de la Seine ; la seconde s'est établie derrière l'école des Mines.

M. Z. Gerbe (V. Ornithologie Européenne, t. 1, p. 501) a indiqué très-nettement les différences qui séparent la Polyglotte de l'Hypolaïs Ictérine.

Cette dernière est plus répandue dans le Nord et l'Est de la France ; ainsi, aux environs de Metz, on ne voit que l'Ictérine.

P. — N.

---

1. Une paire devant le cabinet d'anthropologie, et deux sur la Butte du Cèdre.

ROUSSEROLLE TURDOÏDE — *CALAMOHERPE TURDOIDES*. Boie ex Meyer.

La présence de cet oiseau à Paris étonnera sans doute bien des personnes.

Il y a, sur les trois étangs de la Glacière, environ dix paires de Rousserolles. Elles arrivent vers les premiers jours de mai, nichent à la fin du mois quand les roseaux ont atteint toute leur taille, et repartent au commencement de septembre.

Dès leur retour les mâles chantent constamment, perchés au pied d'un roseau à 15 ou 20 centimètres au-dessus de l'eau (c'est à tort que quelques ornithologistes ont prétendu que cet oiseau se perchait à l'extrémité des tiges).

Sans être précisément sauvage, la rousserolle est défiante. Quand on veut l'observer de près et attentivement, il faut se poster au bord de l'étang, ne pas bouger et attendre qu'elle se découvre, car ordinairement elle demeure cachée au centre des massifs de roseaux.

La rousserolle saisit assez adroitement les

insectes aquatiques qui font sa nourriture, mais elle est peu agile ; son vol est lourd, bas, mou, elle saute d'un roseau à l'autre plutôt qu'elle ne vole, rarement elle franchit une distance de plus de quelques mètres. Un savant ornithologiste, l'abbé Vincelot, a parfaitement observé les mœurs de la rousserolle et je suis heureux de pouvoir substituer ici sa prose à la mienne.

« Pour composer son nid, dit-il[1], elle choisit quatre ou cinq roseaux assez rapprochés, les réunit par des filaments de plantes aquatiques qu'elle enroule autour des joncs de manière à en former une espèce de bourse grossière. Ce nid a quelquefois une hauteur de près de deux décimètres et semble avoir été ainsi fabriqué pour préserver des dangers de l'inondation les œufs ou les petits de la rousserolle ; il ressemble alors à plusieurs nids superposés. L'intérieur est garni de débris fins et déliés de feuilles de roseaux ; il contient ordinairement quatre ou cinq œufs dont le fond blanc verdâtre ou bleuâtre est parsemé de points ou de taches noires ou brunes qui for-

1. *Les noms des oiseaux expliqués par leurs mœurs*. Angers, 1872, 2 vol. in-8 ; voy. t. I, p. 217.

ment quelquefois une couronne vers le gros
bout. Ces œufs sont légèrement piriformes et
souvent oblongs ; plusieurs seraient confondus
facilement avec des œufs de moineau, dont ils
ne diffèrent souvent que par leurs taches plus
larges et une couleur plus foncée et plus
bleuâtre. Leur grand diamètre varie de 0ᵐ 020
à 0ᵐ 023, et le petit de 0ᵐ 017 à 0ᵐ 019. »

J'ajouterai que ce nid est toujours placé au
centre des touffes de roseaux.

En mai et juin, le mâle chante du matin au
soir avec une vigueur et une persistance éton-
nantes.

Il se repose à peine pour prendre sa nourriture.

Son chant, composé de plusieurs strophes
qu'il lance d'une voix sonore et claire avec
beaucoup d'entrain, n'est pas agréable ; il ressemble au bruit que fait une crécelle ; Brehm
l'a reproduit assez fidèlement de la façon sui-
vante : « dorre, darre, darre, karre, karre,
karre, kerr, kerr, kerr, keï, keï, keï, keï, karre,
karre, kith ! »

Les étangs de la Glacière sont peu profonds ;
les hauteurs environnantes les garantissent
du vent du Nord ; leur eau, quoique stagnante,

n'est pas bourbeuse, enfin ces étangs sont couverts de roseaux vigoureux et très-serrés ; toutes ces choses réunies forment un habitat admirablement approprié aux besoins des rousserolles ; aussi reviennent-elles fidèlement, chaque année, passer l'été sur ces bords chéris. P. — N.

ROUSSEROLLE EFFARVATTE — *CALAMO-HERPE ARUNDINACEA*. Boie ex Gmel.

Comme la précédente, cette rousserolle habite les étangs de la Glacière, seulement elle n'y est pas aussi nombreuse.

Son chant a une certaine analogie avec celui de la turdoïde, mais il est moins strident.

L'effarvatte est beaucoup plus agile que la turdoïde ; toujours en mouvement elle échappe constamment au regard de l'observateur ; elle ne sort guère des massifs de roseaux ou de joncs que pour se faire entendre ; alors elle monte au sommet d'une tige (au lieu de rester en bas comme la turdoïde) et se tient à découvert pendant les quelques instants que dure sa chanson.

P. — N.

FAM. XXI — TROGLODYTIDÉS
TROGLODYTIDÆ.

GENRE CXVI — TROGLODYTE, *TROGLODYTES*. Vieill.

TROGLODYTE MIGNON — *TROGLODYTES PARVULUS.* Koch.

Cet oiseau est commun et sédentaire à Paris.
Il habite tous les grands cimetières : le Père-
Lachaise, Montmartre, etc. Au cimetière Mont-
parnasse il y en a au moins vingt paires.

Cette année, au mois d'avril, j'ai trouvé à
Montparnasse trois nids de troglodytes. L'un
était environ à un mètre du sol, caché dans un
vieux lierre accolé à une tombe, et les deux
autres étaient placés sur des sapins tuyas
très-touffus, à une hauteur de 3 mètres 50 à
4 mètres ; ce qui prouve, comme on l'a déjà
remarqué d'ailleurs, que les modes de nidi-
fication du troglodyte varient considérable-
ment.

Je ne me suis pas donné la peine de pousser
plus loin mes investigations ; avec un peu de
patience il m'eût été facile de découvrir plu-

sieurs autres nids. Ceux que je viens d'indiquer étaient dans le massif compris entre le tombeau des quatre sergents de la Rochelle et le monument de Dumont d'Urville.

Je signalerai encore un couple de troglodytes au Jardin-des-Plantes ; il se tient de préférence dans la partie consacrée aux animaux et niche probablement sous les toits de quelque vieille baraque recouverte de chaume. Enfin pour terminer j'indiquerai encore deux couples de ces oiseaux aux Buttes-Chaumont et un autre au Parc-Monceaux.

S. — N.

FAM. XXII — PHYLLOPNEUSTIDÉS, *PHYLLOPNEUSTIDÆ*.

S.-FAM. XXXIX — RÉGULIENS, *REGULINÆ*.

Genre CXIX — ROITELET, *REGULUS*.

ROITELET HUPPÉ — *REGULUS CRISTATUS*, Charleton.

« On a cru que jamais (les roitelets) ne nichaient en France, parce que jamais on ne les y avait vus dans la saison des nids ; mais

M. Florent-Prévost, qui a trouvé le nid du roitelet sur un arbre vert du Jardin-des-Plantes, a forcé l'opinion publique de revenir de cette erreur [1]. »

Le roitelet n'est pas rare à Paris, en *hiver*, *surtout dans les cimetières*, mais en *été* on ne le rencontre que de loin en loin. Ainsi en 1866 et 1867, un couple de roitelets est resté tout l'été au Jardin-des-Plantes. Depuis il a disparu et n'est pas revenu à l'heure où j'écris.

P. — N. accidentellement.

FAM. XXIII — PARIDÉS, *PARIDÆ*.

S.-FAM. XL — PARIENS, *PARINÆ*.

Genre CXX — MÉSANGE, *PARUS*.

MÉSANGE CHARBONNIÈRE — *PARUS MAJOR.*
Linn.

Assez commune, mais *en hiver seulement*. On la voit alors aux Champs-Elysées, aux Tuileries, au Parc-Monceaux, à Passy-Auteuil, au Jardin-des-Plantes, à la Salpétrière, au Luxem-

---

1. Toussenel, *Monde des oiseaux.* 2ᵉ partie, 1866, p. 475.

bourg, au Val-de-Grâce, à l'Observatoire, et dans tous les cimetières.

P. R. en hiver.

MÉSANGE BLEUE — *PARUS CŒRULEUS*. Linn.

Cette mésange si jolie et si sémillante vient fréquemment à Paris, en hiver. Elle visite le Jardin-des-Plantes, le Luxembourg, le parc Monceaux, les jardins de Montrouge, Vaugirard, Grenelle, Passy-Auteuil, les Buttes-Chaumont, les Tuileries, l'avenue Gabriel aux Champs-Elysées.

Quelques paires nichent régulièrement au cimetière du Père-Lachaise, presque toujours dans les 24ᵉ et 26ᵉ divisions, où depuis bien des années je les vois pendant les mois d'avril, mai, juin.

N. au Père-Lachaise seulement. P. R. en hiver.

Genre CXXI — NONNETTE, *PŒCILE*. Kaup.

NONNETTE VULGAIRE — *PŒCILE COMMUNIS*.
Z. Gerbe ex Bald.

De toutes les mésanges, la nonnette est, sans contredit, celle qui vient le plus rarement à

Paris. On l'y rencontre néanmoins, même pendant les hivers très-doux. Ainsi, cette année
(1874) dans le courant de février, M. Fernand
Daguin (15, quai Malaquais) a souvent observé
des nonnettes aux Tuileries ; elles explo-
raient avec soin les grands arbres couverts de
mousse.

P. A. en hiver. — R.

FAM. XXV. — MUSCICAPIDÉS, *MUSCICAPIDÆ.*

S.-FAM. XLII — MUSCICAPIENS, *MUSCICAPINÆ.*

Genre. CXXVII — BUTALIS, *BUTALIS.* Boie.

BUTALIS GRIS — *BUTALIS GRISOLA.*
Boie ex Linn.

Assez commun dans tous les grands cimetières, notamment au Père-Lachaise où il affectionne particulièrement l'Orangerie (8e et
10e divisions).

Le Butalis habite encore, mais en très-petit
nombre, le Jardin-des-Plantes [1], les Tuileries,
le Luxembourg, quelques jardins de Mon-

---

1. Trois paires, deux sur la Butte du Cèdre, et la
troisième à l'extrémité de la Galerie de Géologie.

trouge, etc., etc..... Cet oiseau est toujours en mouvement; il se nourrit d'insectes qu'il saisit en l'air avec beaucoup d'adresse.

(Arrive au commencement de mai et repart à la fin d'août).

P. — N.

FAM. XXVI — HIRUNDINIDÉS, *HIRUNDINIDÆ*.

Genre CXXIX — HIRONDELLE, *HIRUNDO*. Linn.

HIRONDELLE RUSTIQUE — *HIRUNDO RUSTICA*. Linn.

Très-commune.

A la fin de juillet et en août, quand la température est élevée, l'air sec, et surtout lorsque le vent souffle de l'est, les hirondelles rustiques fréquentent assidûment les bas-fonds, les endroits humides où elles trouvent sans doute des insectes en abondance.

A cette époque on en voit des bandes considérables [1] à la Glacière, au-dessus des étangs; ces oiseaux arrivent là vers midi, et le soir se dispersent de tous côtés.

P. — N.

1. Parfois de 1,500 à 2,000 individus.

Genre CXXX — CHELIDON, *CHELIDON*. Boie.

CHÉLIDON DE FENÊTRE — *CHELIDON URBICA*. Boie ex Linn.

Très-commune. Recherche beaucoup le voisinage de l'eau.

Cette année, ces hirondelles, réunies en colonie, ont bâti un grand nombre de nids à l'Institut ; sous la corniche de la façade du *Garde-Meuble* qui donne sur la place de la Concorde. Il y avait encore quelques nids rue Royale, et à la gare Montparnasse [1]. Il me faudrait plusieurs pages pour indiquer les autres endroits de Paris où niche cette hirondelle.

P. — N.

1. Sous la corniche de la façade.

4e DIVISION — PASSEREAUX ANOMODACTYLES.
PASSERES ANOMODACTYLI.

FAM. XXVII — CYPSÉLIDÉS, *CYPSELIDÆ.*

Genre CXXXIV — MARTINET, *CYPSELUS.* Illig.

MARTINET NOIR — *CYPSELUS APUS.*
Illig. ex Linn.

Très-commun.

Cette année les martinets sont revenus à Paris le 1er mai.

Cet oiseau est le premier levé et le dernier couché.

Au mois de juin, dès trois heures et demie du matin, il fend l'air en poussant son cri strident, et à la nuit close il est encore en mouvement.

P. — N.

3ᵉ ORDRE — PIGEONS, *COLUMBÆ.*

FAM. XXIX — COLOMBIDÉS, *COLUMBIDÆ.*

S.-FAM. XLIV — COLOMBIENS, *COLUMBINÆ.*

Genre CXXXVI — COLOMBE, *COLUMBA.*

COLOMBE RAMIER — *COLUMBA PALUMBUS.*
Linn.

Le ramier « n'est nulle part aussi commun et aussi sédentaire que dans les jardins publics de Paris (dit M. Gerbe [1], où il vit huit mois de l'année, dans une sorte de domesticité. Il établit son nid vers le milieu des grands arbres, et le plus ordinairement, sur des branches qui ont une direction oblique par rapport au sol. C'est au mâle qu'est dévolu le rôle le plus actif : il remplit en quelque sorte les fonctions de manœuvre. C'est lui qui va chercher sans relâche durant des heures entières sur les arbres voisins, rarement sur le sol, les bûchettes, les brindilles, les racines que la femelle se borne à recevoir et à disposer. Elle

1. Ornithologie Européenne. 2ᵉ édit. 1867, t. II, p. 7.

coordonne ces matériaux avec si peu d'art et de solidité, que le nid, presque tout à jour, est souvent détruit avant que les jeunes aient acquis assez de force pour prendre leur essor. Les grosses branches qui le supportaient sont alors pour eux un appui bien insuffisant, et qui ne les met pas toujours à l'abri des chutes qu'un vent un peu violent peut leur faire éprouver. Très-souvent la ponte commence lorsque le nid n'est qu'à moitié construit. Assez généralement, le ramier fait deux nichées ; une, dès la fin de mars, lorsqu'à cette époque les froids ne sont pas trop intenses ; l'autre vers la fin de juin. Nous avons vu l'année dernière et cette année (1865) plusieurs couples qui viennent se reproduire au jardin du Luxembourg élever encore des petits au nid du 10 au 15 septembre. Le nombre d'œufs par nichée, n'est jamais de plus de deux, et même la dernière n'en contient-elle parfois qu'un seul. Ces œufs sont oblongs, presque également obtus aux deux bouts et d'un blanc pur ou d'un blanc légèrement teinté de bleuâtre. Ils mesurent : grand diam. $0^m,040$ à $0^m,042$; petit diam. $0^m,030$ à $0^m,031$.

N. — P. Cependant il en reste toujours quel-

ques-uns en hiver, et même un assez grand
nombre durant les hivers peu rigoureux.

4º ORDRE — GALLINACÉS, *GALLINÆ.*

FAM. XXXI — TETRAONIDÉS, *TETRAONIDÆ.*

S.-FAM. XLIX — PERDICIENS, *PERDICINÆ.*

Genre CXLVIII — *CAILLE.*

CAILLE COMMUNE — *COTURNIX COMMUNIS.*
Bonnaterre.

Depuis plusieurs années un couple de cailles
niche dans les terrains cultivés qui se trouvent
à la Glacière, entre les étangs, la Bièvre, les
fortifications et le chemin de la fontaine à Mu-
lard. Le mâle fait entendre son chant pendant
les mois de mai et juin; l'an dernier, il devait
avoir construit son nid dans une pièce de blé
entourée de murs qui longe une partie du
grand étang de gauche en tirant vers la rue du
Moulin-des-Prés, car c'est toujours là que je
l'entendais lancer son *paye tes dettes...* T. R. —
P. — N.

5ᵉ ORDRE — ÉCHASSIERS, *GRALLÆ.*

1ᵉ DIVISION — ÉCHASSIERS COUREURS. *GRALLÆ CURSORES.*

3ᵉ COUREURS LONGIROSTRES, *CURSORES LONGIROSTRES.*

FAM. XXXVII — SCOLOPACIDÉS. *SCOLOPACIDÆ.*

S.-FAM. LIX — SCOLOPACIENS, *SCOLOPACINÆ.*

Genre CLXX — BÉCASSINE, *GALLINAGO.*

BÉCASSINE ORDINAIRE — *GALLINAGO SCOLOPACINUS.* Bp.

Durant l'hiver et la fin de l'automne, il y a presque constamment des bécassines sur les bords des étangs de la Glacière ; quand l'eau est gelée, elles s'abattent au milieu des roseaux. Au mois de décembre (1873) j'ai fait lever bien souvent, en me promenant, des bécassines sur le bord de l'étang qui va dans la direction de la rue du Moulin-des-Prés, mais c'est surtout à son extrémité, dans le pré humide et marneux qui l'avoisine, qu'elles se tiennent de préférence. Si l'on pouvait chasser à la Glacière, il serait facile avec un bon chien d'arrêt de tuer, chaque matin, une paire de bécassines; toutefois il faudrait se lever très-tôt et battre les étangs et leurs bords avant que ces oiseaux n'aient été dérangés, comme cela arrive trop fréquemment.

P. R. en automne et en hiver.

BÉCASSINE GALLINULE — *GALLINAGO GALLINULA.* Bp. ex Linn.

Il est très-difficile, surtout sans chien (et je n'en ai pas), de découvrir cette bécassine. Pour la décider à prendre son vol, il faut pour ainsi dire, lui marcher sur le corps.

J'ai cependant réussi quelquefois à la débusquer, mais je suis néanmoins convaincu qu'elle est beaucoup plus rare, en cet endroit, que la bécassine ordinaire.

P. R. en automne et en hiver. — R.

2ᵉ DIVISION — ÉCHASSIERS MACRODACTYLES.
GRALLÆ MACRODACTYLI.

FAM. XXXIX — RALLIDÉS, *RALLIDÆ.*

S.-FAM. LXV — RALLIENS, *RALLINÆ.*

Genre CLXXXIV — RALE, *RALLUS.* Linn.

RALE D'EAU — *RALLUS AQUATICUS.* Linn.

Le 11 décembre dernier (1873) durant l'après-midi, j'ai assisté, à la Glacière, à une chasse bien divertissante. Sept ou huit gamins, de douze à quinze ans, étaient en train de poursuivre à travers les roseaux, sur les étangs gelés, des râles d'eau qui probablement s'y étaient abattus au lever du soleil. Ces malheureux oiseaux, au lieu de s'envoler, couraient de toutes leurs forces, mais ils n'allaient pas loin, généralement ils se remisaient dans une touffe très-épaisse et, après de vains efforts pour se dérober à l'ennemi, finissaient par se laisser prendre à la main.

Ces gamins ont ainsi capturé tout vivants, cinq râles devant moi (j'en ai même acheté un)

et le matin, entre neuf heures et dix heures,
ils en avaient pris... devinez.... ils en avaient
pris douze. Je garantis l'exactitude de ce chiffre
attendu que j'ai vu la plupart des victimes et
qu'en outre, il m'a été certifié par des témoins
oculaires, à savoir par des jardiniers du quartier que je connais depuis longtemps et à la
parole desquels on peut se fier.

P. A. en hiver.

Genre CLXXXVII — GALLINULE, *GALLINULA*.

GALLINULE ORDINAIRE — *GALLINULA CHLOROPUS*. Lath. ex Linn.

Plusieurs paires de gallinules ou poules d'eau
viennent chaque année se reproduire sur les
étangs de la Glacière, toutefois elles se cachent
avec tant d'habileté que, malgré tous mes efforts, je n'ai jamais pu réussir à les dénombrer exactement.

J'en connais cependant trois paires, mais il
est probable qu'il y en a davantage.

P. — N.

TABLE

FIN DE LA TABLE.

ORNITHOLOGIE EUROPÉENNE

OU

CATALOGUE DESCRIPTIF, ANALYTIQUE ET RAISONNÉ

DES OISEAUX OBSERVÉS EN EUROPE

DEUXIÈME ÉDITION ENTIÈREMENT REFONDUE

PAR

C.-D. DEGLAND   et   **Z. GERBE**

Membre de la Société des sciences, de l'agriculture et des arts de Lille (Nord). Conservateur du Musée d'histoire naturelle de Lille.	Préparateur du Cours d'Embryogénie comparée du Collége de France, lauréat de l'Institut (Académie des Sciences).

2 vol. grand in-8, de chacun 700 pages.
Prix : 24 francs.

Le premier volume comprend les *Oiseaux de proie* et les *Passereaux*. Le second et dernier volume comprend les *Pigeons*, les *Gallinacés*, les *Échassiers*, les *Palmipèdes*.

Coulommiers. — Typog. A. MOUSSIN.

COULOMMIERS. — Typ. A. MOUSSIN.

www.ingramcontent.com/pod-product-compliance
Ingram Content Group UK Ltd.
Pitfield, Milton Keynes, MK11 3LW, UK
UKHW022108170726
13837UKWH00003B/1118